未来能源
让世界动起来

探索月球
神秘而强大

神奇地球
蔚蓝的家园

神秘机器人
人工智能和超级好帮手

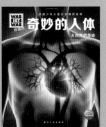
奇妙的人体
大自然的奇迹

深海之谜
生机勃勃的黑暗国度

太空之旅
深入宇宙的探险

走进热带雨林
地球的绿色宝藏

宇宙中的星体
打开探索宇宙的大门

伟大的发明
天才与灵感的杰作

神奇的火车
沿着铁轨通向未来

沙漠之旅
驼队、绿洲和无尽的远方

显微镜探秘
肉眼看不见的微小世界

野生动物
从未被驯服的野性

奇趣萌宠
人类的好朋友

鸟类不简单
天空中的杂技演员

神秘的古埃及
尼罗河畔的金色帝国

印第安人
北美原住民

伟大的探险家
跟随他们的脚步,探索全世界

未来世界
一切都在变化之中

蛇的故事
拥有敏锐感官的猎手

考古探秘
装载历史的宝藏

马的生活
人类忠实的伙伴

舞蹈的魅力
合则起舞

生物质资源
植物动力引领未来

石器时代
火的控制与使用

U0344576

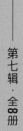

WAS
IST
WAS

学习源自好奇 科学改变未来

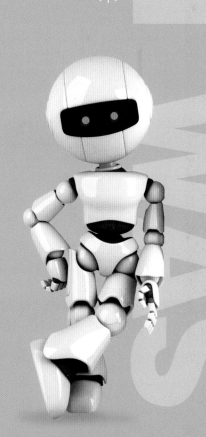

WAS IST WAS

珍藏版

奇境森林

动物和植物的天堂

[德]安妮特·哈克巴斯／著　张依妮／译

航空工业出版社

方便区分出
不同的主题!

真相大搜查

符号 ▶ 代表内容特别有趣!

22

热带雨林是大自
然的药房:追踪
箭毒蛙,获取宝
贵的药材!

44

探索海藻森林的神秘世界!

34

从加拿大到堪察加,从西伯利亚到澳大利亚。

26

超强马力:多功能伐树机!

42

红杉——参天大树!

重要的名词解释

美丽的
森林家园

孩子们总是对森林充满幻想。克里斯汀很幸运：她从小生活在一座茂密的森林里，那里离德国巴伐利亚州的芒法尔河并不遥远。她最喜欢在森林里玩耍，她说："我从来不会感到孤单，松鼠、啄木鸟以及正在河边喝水的鹿都是我的好朋友。"有时候，她喜欢坐在柔软的苔藓垫上，安安静静地阅读。有时候，她还会用云杉球果和小木棍搭建房子，构想有趣的森林故事。"我喜欢一个人在森林里独处，也喜欢和朋友们愉快地生活，这样的日子深深打动了我。"居住在森林里的克里斯汀喜欢观察植物和动物，喜欢安静地反思，她从小就相信这将成为她未来的职业。中学毕业后，她开始学习生物学，辅修森林经济学。她曾在新西兰、加拿大和塞尔维亚从事生物研究，而现在，她成了一名野生动物学教授，并撰写了大量的研究性文章。

有时候，她会看到马鹿在森林里四处穿梭。

克里斯汀·米勒博士和她的狗恩佐。

一只小鹿正在河边喝水，这样的场景克里斯汀·米勒小时候经常看到。

"出于对森林的热爱，我想收集和积累很多生物知识，不断探索新的事物。我相信，如果你对动物、森林和大自然有更多了解，你才能更好地保护它们。"

"森林里的回声——如果你在森林大声呼喊，你的声音会被反射回来。"

有时候，如果事情非常复杂而毫无头绪，克里斯汀·米勒会感到非常烦恼和难过。然后，她会和她的狗一起去森林散心。"在这里，所有的问题都会变得容易，我会产生很多解决问题的灵感。"她特别喜欢森林，喜欢千变万化的奇境森林。"有时候，森林中会出现一座林中小岛，年轻的树木在这里生长。几年后，这座有阳光洒落的小岛会再次变成一片茂密的绿色森林。鹿栖息在这片绿色森林里，它们散居在一片小小的灌木丛或矮树林中。你能听到森林歌唱，看到森林舞蹈，地面上会留下一串串足迹，仿佛有人在森林喋喋不休地讲述精彩的森

林故事：谁在那里，它在做什么，它去了哪里。"对克里斯汀来说，除了蚂蚁之外，猞猁就是森林里最迷人的动物。猞猁漫游在广袤的森林里，它正在巡视森林的每个角落以及生活在那里的每一只鹿。"猞猁就像一个古老的森林精灵，如果它刚在一个角落里猎杀了一只鹿，那它很快就会转移阵地，去另一个地方寻找下一只猎物，躲在刚才的战场或许是鹿最安全的避难所。"克里斯汀最大的梦想是成为一名保护野生动物的森林律师。"为了保护大自然，我们应该了解森林里的动物、植物、土壤，以及它们与自然环境之间的各种联系。"

感谢克里斯汀·米勒博士接受我们的采访。

聪明的蚂蚁

伟大的蚂蚁家族在克里斯汀的童年里留下了深刻的印象。在河流的两岸，居住着一群巨大的蚂蚁，它们和克里斯汀成了非常好的朋友，蚂蚁们认为克里斯汀是森林里最聪明的动物。春天到了，泛滥的洪水冲垮了蚂蚁家族的巢穴，克里斯汀感到非常伤心。不过妈妈告诉她，聪明的蚂蚁们早就及时离开了它们的旧巢，在别的地方修建了一座更漂亮的蚂蚁城堡。

森林访谈录

森林分布在世界的各个地方，整个欧洲有大约40%的地方被森林覆盖。被誉为"地球之肺"的森林有什么独特的魅力呢？

当我们到达森林，准备对奇境森林一探究竟时，树叶沙沙作响的喧闹声欢迎了我们。尽管森林如此辽阔，但它的声音却如此低沉。

在森林收集木柴一定很辛苦。

森林先生，你会不会认为自己与众不同？

嗯……这恐怕是你们人类天马行空的想象力吧！最初，你们将我视为神秘的圣地，但你们自己胆小害怕，杜撰了许多关于我的恐怖故事。后来，艺术家又以我为原型，创作了许多浪漫的诗歌和美丽的画卷。

什么样的恐怖故事呢？

（森林咧嘴笑）当然，你最感兴趣的就是恐怖故事！据说，在森林里，到处潜伏着凶狠的强盗。只要想想童话《韩塞尔与格雷特》里可怜的兄妹在森林里迷路时碰到吃人的女巫，或者小红帽在森林里遇到大灰狼……

为什么人们会害怕森林？

森林里到处都是野生动物，比如狼和猞猁，没有人编织它们不吃小孩的童话故事。而且父母们喜欢用恐怖故事吓唬孩子，这样他们就不敢一个人走进森林，更害怕在那里迷路。

童话故事《韩塞尔与格雷特》中女巫的森林城堡。

像你这样让人迷路的迷雾森林已经越来越少了，对吧？

很遗憾，森林的确在不断锐减。在冰河时期，我曾经十分高大，但当时我的数量比如今少得多。冰河时期之后，我被夷为平地，不得不花好几百年的时间来进行自我恢复。几千年来，野生动物一直陪伴我，和我生活在一起。直到有一天，猪来了。

猪⋯⋯

还有很多其他动物在森林里散步和觅食，牧羊人会照看它们。

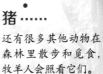

猪？什么猪？

农民的猪。秋天的时候，它们喜欢闯入森林，因为它们喜欢吃山毛榉坚果和橡树果。森林主人在森林里大量种植山毛榉和橡树，成千上万的猪来到森林里到处觅食，它们的农民主人会为它们的食物买单，只要它们把自己喂养得肥肥胖胖的。后来猪被圈养到猪圈里，人们需要更多的木材来修建猪圈，橡树和山毛榉不断被砍伐。森林主人开始大量种植生长速度更快的云杉树，但这种树在暴风雨中一吹就倒。

猞猁磨爪

猞猁、野猫和狼这些野生的森林猎手正在逐渐回归森林。

森林并不会迅速消失，对吗？

当然会，不过别太担心。我具有旺盛的生命力，每天都在积攒能量，不断变得更强大。虽然我没有以前那样高大茂密，但我会努力向上生长。但这就像冰河世纪之后：要想回归原貌，可能还需要很长一段时间恢复。

你喜欢森林猎手回归，对吧？

当然啦，如果野生动物都回归森林，这里就会重现往日的勃勃生机。我喜欢强壮的猞猁在树上磨爪，有些自然区域已经重新有了它们的身影。除此之外，我还希望森林里的树木越来越多，因为树木越多，更多的动物才会重返森林。只要人类不主动攻击动物，其实根本没必要害怕野生动物。很高兴你们来森林做客。

森林里的树木

树木喜欢在森林里成群结伴地生长。我们将带您畅游奇境森林，介绍森林的主角——各种代表性的森林树种。

云杉

云杉是森林里最常见的针叶树之一，也被称为白松。它四季常青，树枝上一年四季都长满绿色的像尖针一样的树叶。云杉喜欢凉爽湿润的气候环境，居住在森林里的云杉生长迅速、长势旺盛，它的材质轻柔、结构细致，是森林里重要的木材原料，被广泛地用于制作乐器、家具和箱盒等物品。

松 树

松树是一种常绿针叶树，它的种类丰富多样，分布十分广泛，适宜于生长在各种栖息地，有些松树甚至可以生长于热带地区。根据外形特征，我们可以很容易将松树与云杉区分开来，因为松树的针头更加细长，它们的树皮呈鳞片状，树皮颜色也不同于云杉。

落叶松

　　落叶松是一种特殊的树种，它虽然也是针叶树，但却并不是常青树。在冬季，落叶松的针叶会变为黄褐色并自动脱落，这种生存状态被称为夏绿或冬秃。落叶松需要充足的光照，生长在相对干燥的地区。它们必须在晴朗而干燥的冬日脱落针叶，以减少水分蒸发，给树根充足的水分补给。落叶松的生长速度虽不及云杉和松树，但它们却能为人类提供非常坚实耐用的木材，因此人们也会在森林里大量种植落叶松。

橡　树

　　全球的橡树有 600 多个品种，其中高大的夏栎主要分布在我国新疆和欧洲部分地区，它高达 40 多米，寿命很长。橡木的树皮严重起皱，产出的橡果富含脂肪，深受森林野生动物的喜爱。如果森林里的野猪吃到一颗橡果，就如同吃了一块厚厚的培根，丰富的脂肪能帮助它们安然地度过冬天。

山毛榉

　　山毛榉有时甚至会比橡树更高大。欧洲山毛榉是欧洲森林里常见的树种之一，它被誉为"森林的母亲"，在它明亮而具有保护性的树冠下，很多树种发育良好。山毛榉的树皮十分光滑，它会结出大量的山毛榉坚果，为森林动物提供丰富的食物。

丰富多样的 森林

（1）秋天的混交林
（2）辽阔的针叶林

针叶林是由针叶树种组成的森林，阔叶林是由阔叶树种组成的森林，那针阔混交林……你猜对了，就是由针叶林和阔叶林等树种混合组成的森林。针叶林主要分布于山区，耐寒性强的针叶树能较好地适应山区环境。然而，由于人类对木材的需求不断加大，云杉和松树这类针叶树长势旺盛，能迅速地提供大量木材，因此它们也会被大量种植于平原地区，整齐划一地排列着。严格地说，种植树木得到的并不是森林，而是种植园，因为种植园里一般只生长一种树木，而且几乎不会种植低矮的灌木。

保护森林多样性

森林为人类提供品种丰富的木材，满足人们的各种物质需求。只要运走的木材产量不超过重新生长的新树木数量，森林就能持续为人类造福。人类在砍伐森林的时候只能砍伐少量年老的树木，而不能对整片森林进行集体采伐，我们必须保护年轻的树木，保护森林结构的多样性。除此之外，低矮的灌木、种类繁多的蘑菇、缤纷多彩的鲜花都在落叶树的庇护下慢慢长大，它们共同构建了一个丰富多样的森林生态系统。如果没有了天然森林，大量森林动植物将面临巨大的生存危机。在人造森林里，强大的风暴会对动植物造成重大损害，比如树皮甲虫要想钻入树皮内部去啃噬树木，必须得飞行更远的距离，生活在这里的动物们觅食和居住也会更加困难。

一根古老的树干不仅是甲虫、蘑菇等生物的盛宴，也是野蜂等动物的家。

一只獾在它的洞穴旁。獾们正在挖掘巨大的地下住宅，以便和家人顺利熬过冬天。

天然森林

没有人类涉足的自然区域是生物多样性最丰富的地带。然而，人类不断开发大自然，试图充分挖掘自然资源。人类在砍伐森林的过程中，不断补种新的树木品种，以保持大自然的平衡。在德国最古老的国家公园——巴伐利亚森林国家公园中，补种新树的地区十分普遍。人类正在从森林的核心区域撤退，并禁止在核心区域内砍伐树木或非法狩猎。在天然森林里，已经倒下或死亡的枯木仍留在森林里，许多动物在枯木中建造洞穴，野生蜜蜂将卵子产于树洞中，数千只甲虫打通进入枯木的通道，各种各样的蘑菇生活在枯木丛里。随着时间的流逝，枯木也会变成森林土壤中肥沃的腐殖质。各种野生动物处在同一自然环境中，共同构成了复杂的食物链，例如：猞猁是野猪和野鹿的天敌，但它们生活在同一片森林里。生长和衰败永恒交替，植物和动物组成庞大的食物链，这就是"自然生态平衡"。

你知道吗？

广阔的森林为人类提供了丰富的木材，而森林老大是森林管理员。

啄木鸟在树洞里哺育后代。

树皮甲虫在树皮里钻出许多蛀虫眼。

盛开的野花将蜜蜂等昆虫引入森林。

聪 明！

聪明的狐狸在老树干下修筑巢穴，建造庇护所。

伟大的
森林助手

茂密的森林里潜伏着数量惊人的生物物种，一切生命从土壤中开始：树叶、树枝飘落至地面，微生物慢慢将它们变成肥沃的腐殖质，这些充满营养的腐殖质给树木提供养分，让森林越来越茂密。

生命在地底下翻腾

真菌在森林土壤中扮演着非常重要的角色。几乎每棵树的根部都会附着至少一种真菌，这些根系与真菌共生，双方在互相依存中共同受益。真菌交织成网围绕在细密的树根末端，穿透树根皮层，促进树木吸收水分和养分，甚至能帮助树木防御有害病原体的侵袭。作为回报，真菌可以从树木中获取充足的食物，吸收树木在进行光合作用时所产生的糖分。许多树木与不同的真菌会结成伙伴关系，如云杉和有毒的蛤蟆菌或者备受追捧的牛肝菌。我们常见的蘑菇等大型真菌只不过是真菌家族里的很小一部分，还有很多霉菌和酵母菌四处潜伏。

令人眩晕的高空采摘

球果采摘员升到空中，从坚硬结实、硕果累累的树上采摘冷杉或云杉的球果，他必须探出身子去采摘树梢的球果。球果在树上开花，借助风力播撒种子，所以当它掉落到地面时，体内的种子早已不见踪影。采摘员穿上登山保护装备，通过绳索爬升至 60 米的高空，趁着球果还是绿色的时候赶紧采摘它们的种子。树农们从采摘员手里买走种子，待其发芽，成长为树苗，然后把树苗卖给林业公司。林业公司会把树苗移栽到森林里，建造一座座人工森林。

采摘员在树梢上采摘绿色的球果。

蛞蝓

甲虫

蚯蚓

蜈蚣

金龟子幼虫

一升土壤包含：

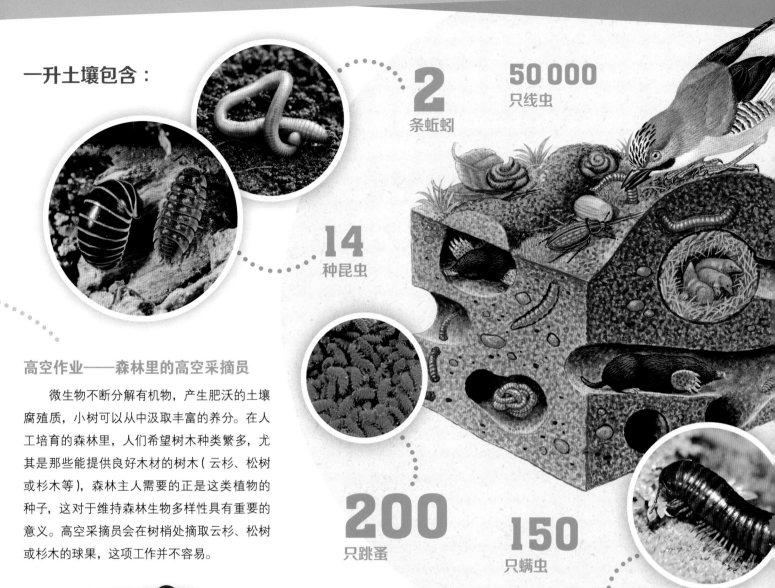

2 条蚯蚓

50 000 只线虫

14 种昆虫

200 只跳蚤

150 只螨虫

7 只千足虫

高空作业——森林里的高空采摘员

　　微生物不断分解有机物，产生肥沃的土壤腐殖质，小树可以从中汲取丰富的养分。在人工培育的森林里，人们希望树木种类繁多，尤其是那些能提供良好木材的树木（云杉、松树或杉木等），森林主人需要的正是这类植物的种子，这对于维持森林生物多样性具有重要的意义。高空采摘员会在树梢处摘取云杉、松树或杉木的球果，这项工作并不容易。

除此之外，土壤里还有数千万个细菌、藻类、单细胞生物和真菌。森林土壤里的生物世界可能比人类世界更活跃。

（1）牛肝菌
（2）有毒蛤蟆菌
（3）亮菌不仅会分解枯木，有时也会侵袭正在生长的树木。

知识加油站

▶ 据说，80％至90％的植物都会选择与真菌共生。

▶ 菌根是土壤中的真菌与植物根系的共生体，它能帮助根系更好地吸收土壤养分，也能帮助真菌更好地从植物体内吸收糖分等营养物质。

▶ 森林动物也会和植物组建共生关系，它们可以啃食高处的树叶，让阳光射到地面，帮助低矮的灌木蓬勃生长，它们也能因此获得更多食物。

园 丁
松鼠在冬季将坚果和种子藏在地下，许多坚果和种子会悄悄发芽，长出新树苗。

美餐一顿
浆果灌木丛里的果实成熟时，森林会成为野生动物的天堂。

睡 鼠
这些森林居民会在树洞里冬眠。

动物——森林园丁

森林里的每个物种都扮演着重要的角色，有些动物天生就是森林园丁。野猪一年四季都在耙地觅食，它们帮助森林松动了土壤。在秋季，当森林里的果实成熟时，所有的动物都准备享受一场场美食盛宴。松鼠、星鸦、老鼠和睡鼠喜欢收集坚果和球果，把它们作为过冬的食物藏在地下，记性不好的它们有时也找不到所有藏于地下的食物，那些长埋地下的果实会

雄性锹形甲虫的上颚异常发达，宽大突出的上颚酷似鹿角。

慢慢发芽，长成一株株新树。鸟儿、狐狸和獾非常喜欢吃味道鲜美的浆果，野猪和熊喜欢吃橡果和山毛榉坚果，这些食物就像营养美味、脂肪厚厚的"冬季培根"。动物们把果实吞进肚子里，吸收果实里的营养成分，排出难以消化的残留物，这些残留物有许多是果实的种子，种子外包裹着一层动物的粪便，就像裹着天然的肥料，排泄在森林的各个角落。种子充分吸收养分蓬勃生长，让森林逐渐恢复活力、充满生机。

危机四伏的森林

野生生物学家克里斯汀·米勒博士向我们解释了植物多样性的形成原因，以及它的发展过程。"森林里危机四伏，琳琅满目的植物绞尽脑汁保护自己，为了躲避食草动物，它们进化出锋利的硬刺或者厚厚的绒毛，捕食者就无

星 鸦
星鸦正在森林里储藏过冬的食物。

叶子被吃掉的植物长得更茂盛

米勒博士讲述了自然界生物间的相互促进作用，这种作用直到最近才被人类知晓。例如，欧洲马鹿的亲戚——日本梅花鹿正在啃食低矮的灌木植物，这些灌木植物会分泌出苦涩的物质，并将它们贮藏在叶片中。"如果毛毛虫或甲虫想啃噬叶片，它们就会中招：呕，味道简直太苦了！"米勒说道，"这样的妙招减少了食草动物对植物的损害，不然食草动物们早就将植物啃得精光了。"日本研究者对植物和昆虫之间的关系进行了细致的研究，他们发现：苗圃里种植的小树苗比森林里的野生树苗更容易被昆虫啃食，因为它们种植在精致的苗圃里，里面没有日本梅花鹿，它们的叶片无法生成任何苦涩的物质，昆虫们可以肆无忌惮地将叶片一扫而光。但如果绵羊啃食树叶，它的嘴巴会分泌出像肥料一样的物质，这些分泌物残留在叶片上，剩余的植物长势将会更加旺盛。

从下口了。但如果森林里没有了食草动物，植物的多样性也会减少，因为快速生长的植物会很快漫过其他植物，让它无法吸收阳光。食草动物喜欢啃食快速生长的植物，让阳光能够渗透到地面。迎春花会在春日的骄阳里盛开，盛夏怒放的鲜花会吸引昆虫来到森林，小鸟、蜜蜂和蜘蛛可以在此美餐一顿。生命相互关联，这就是多彩的奇境森林。"没有狼和猞猁的森林，并不是马鹿和狍子的天堂，人类会接管追捕它们的任务。一些森林主人认为狍子和马鹿是有害动物，希望将它们完全驱逐出森林。这是为什么？米勒博士解释道："因为这样更容易管理。这些人不想要猞猁和海狸，也不需要马鹿和狍子。把它们驱逐出森林就可以一劳永逸，不用再担心它们到处搞破坏了。但那些依靠大自然生活的人，却必须得时刻与像狍子这样的动物一起生活。"

在德国，大白鹭会在河岸森林繁衍后代，但其实这些大白鹭主要来自南欧等地。有些大白鹭逐渐逃离动物园和农场，再次回归野外。

河岸林地——湿地森林

河狸是欧洲最大的啮齿动物，也是大自然最伟大的建筑师。它们常年居住在水边，擅长于在堤岸上建造城堡，可供家人栖息和养育幼崽。城堡的入口隐藏在水下，可以保护它们免受敌人的侵袭。当栖息地的水位下降时，它们会用坚硬的橙色牙齿将树木锯倒，用树干、树枝和泥巴筑坝蓄水。它们也会用泥土和干草堵住洞穴的缺口，以防止水流冲破城堡。所以，它们是河岸森林生态系统中最重要的动物之一。河岸森林是湿地森林，通常靠近水域，这里生长着各种水生植物，森林中的小池塘里还生活着各种各样的小鱼，它们会吸引像灰鹭一样的珍稀鸟类进入森林。

河狸用牙齿锯断树木后，会将树木变成食物和木材。

森林回归自然

一位老太太漫步在巴伐利亚森林国家公园的幽深小径上，那里看起来十分凌乱：盘根错节的大树杂乱无章地排列着，枯死的树木四处散落，大自然对秩序一无所知，它就是纯粹的混乱。然而，在这座混乱的森林里，动物和植物适应着各自的栖息环境，建造着各式各样的森林城堡。

一只猞猁正在俯视它的领地，它被重新安置在巴伐利亚森林。

就像 5000 年前一样

阿尔比斯山最古老的瑞士国家公园正在试图恢复原貌，人们制定了严格的执行条件：全面禁止狩猎和砍伐树木，许多地区完全禁止人类进入。尽管如此，恢复工作仍然存在问题。这个地区经常有偷猎者出没，他们非法狩猎后迅速通过边界逃往意大利，从而逃避警方的追捕。

一只羚羊正在观察摄影师。

让自然回归自然

在德国最古老的国家公园——巴伐利亚森林国家公园里，猞猁正在追踪狍子和小野猪。在这座野生动物园中，游客可以亲眼看见凶猛的野生动物在这片区域四处穿梭。这座公园一直延伸至捷克共和国，形成了一片巨大的野生动物自然保护区。其实这些地区本来就属于野生地带，不幸的是，这里总有猞猁被偷猎者猎杀或者毒害。我们应该保护野生生物，正如这座公园的座右铭所言："让自然回归自然。"

即使这只野猫，也想重新回归它的旧领地。

勃兰登堡

　　勃兰登堡由草原、湖泊、落叶林和混交林组成，它形成于最后一个冰河时期之后。它的名字源于德语中的"羊"，以前人们用山毛榉坚果和橡果把这个地区的羊喂得肥肥的，然后把它们驱赶到勃兰登堡的格鲁姆辛尔森林里。在这片茂密的自然保护区，政府建造了一座供政府高级官员们捕猎的狩猎场。一直以来，普通人都禁止进入这座森林的核心区域，只有许多像尖叫鹰那样的珍稀动物才能够在那里定居。1990 年，格鲁姆辛尔森林的核心区被纳入自然保护区之列。但是勃兰登堡的动物世界并没有完全摆脱外界的干扰，因为高速公路会从这里往来穿梭。

左：普氏原羚，这种真正的野马是勃兰登堡的环保卫士。
右：翱翔的尖叫鹰。

欧洲中部的原始森林

　　在广袤无垠的欧洲大陆，只有极少数地区从未被人类开发，瑞士的罗斯瓦尔德的部分地区就属于其中之一。1782 年，罗斯柴尔德家族从修道院手中购买了这片土地。1875 年，当时的欧洲首富艾伯特·罗斯柴尔德决定不开采山林，而是为了后代把森林完整地保存下来。所以，我们能拥有这片中欧地区的原始森林，真的应该感谢他。

欧洲野牛的牧场

　　在东欧地区还有一座原始森林，它是唯一一座由落叶林和混交林共同组成的原始森林。与勃兰登堡的某些地区一样，这座原始森林也被纳入联合国教科文组织世界遗产之列，这是"以独特性、真实性和完整性闻名于世的地方"，它就是跨越波兰和白俄罗斯的自然保护区比亚沃韦扎森林，这里生活着野狼、猞猁、水獭，以及被放生的欧洲野牛。

不可思议！

　　2013 年，在时隔 500 多年后，欧洲白喙角马重新出现在德国。几个月前，北莱茵-威斯特法伦州的罗塔尔山有八只野生动物被放归自然。

曾几何时，欧洲野牛漫步在整个欧洲。

循环往复的 水滴

其实，水坑多见于路面紧实的森林小道上，因为这里的土壤吸水性差。

一滴水从一片云彩中降落到一片混交林里，水滴已经降落了一段时间，并以越来越快的速度接近地面。水滴先落到大山毛榉的树冠上，从一片叶子滚落到另一片叶子上，就像下楼梯似的，一步一步向低处滑落。终于，它非常悠闲地到达了地面。咦，它就这么消失了？不，故事从这里才刚刚开始。

森林里没有小水坑

水滴钻进蚯蚓爬过的地下小孔中，一路滑落到一个由森林粪甲虫挖出来的小洞里。一米深的地下又冷又黑，许多小水滴正在继续向下渗透到更深的地下水中，其他的小水滴则停留在地表。天气转晴后，温暖的太阳光将它们一点一点蒸发到空气中，变成了看不见的水蒸气。湿漉漉的小路上有许多小水坑，但是在森林里，你几乎很少看到小水坑，土壤会吸收大量的雨水，然后像一块巨大的海绵迅速膨胀起来。据推测，森林土壤中储存的淡水量比所有的湖泊和河流都要多，森林土壤会把这些水分逐渐渗透到地下、河流和大海中，土壤中会留下一部分水供给植物和动物。在地下世界里，水滴会挂在树根和真菌网上。

水分陡峭上升

一个柔和的、吧唧吧唧的声音，一个真菌菌丝体通过一个微小的开口把水滴给吸了进去。

→ 你知道吗？

松软的森林土壤不仅可以储存大量的水分，防止洪水泛滥，还能净化水源。土壤里的许多小毛孔看起来像咖啡过滤器或吸墨纸，水可以渗透进去，但许多污垢和有害物质会被阻挡在外面。

植物究竟是如何吸收水分的呢？绿色的树叶不断吸收阳光，蒸发水分，形成低压区。植物中的茎和干像吸管一样，将树根从土壤中吸收的水分向上输送，一旦水分到达叶片，它们就会穿过叶片上的气孔到达叶片表面。叶片上密密麻麻的气孔，组合在一起就像一个巨大的嘴巴。当你用吸管喝玻璃杯里的水时，你的口腔内也会形成低压区，使水从玻璃杯里吸入口中。山毛榉树体内的一滴水在一个小时内就可以从地面一直上升到 40 米高的山毛榉树冠。现在，水滴正在山毛榉的一片叶子上闪耀着，直到太阳将它蒸发。它会像一片小小的气体云一样升至高空，与许多水蒸气融合在一起，变成一片云。然后云层飘到其他地方，变成雨水降落下来，故事又一次从头开始。

（1）腐殖质聚集于此的腐殖层
（2）富含腐殖质和矿物质的淋溶层
（3）淀积层
（4）过渡层
（5）母质层

在显微镜下 ⋯⋯⋯⋯⋯⋯
叶片上的气孔被放大
很多倍：它们就像一
张张可以自由张开和
关闭的微型小嘴。

数以千计的小树根从这些粗
根中不断分离。

甲壳虫园丁
这种森林粪甲虫，穿梭在森
林土壤中，不断刨出地洞，
给森林地面松松土。

地球之肺

最高纪录 4600 千克

一棵 100 岁的山毛榉每年产生的氧气量可供一个成年人呼吸 13 年。

森林常常被称为"地球之肺"。人类呼吸时会吸入氧气，呼出二氧化碳，而植物则会吸收二氧化碳，释放氧气。其实植物也会需要氧气，但它们还是把大量的氧气留给了我们。我们通过摄入食物获取能量，植物则通过吸收水分、光照和二氧化碳获取能量，然后通过叶绿素进行光合作用。

巨大的空气清洗设备

人类在取暖和驾驶车辆时会产生大量的被称为微小颗粒的污染物质，这些微小颗粒会排放到空气中，火山喷发也会将灰烬吹向空中，撒哈拉沙漠的沙尘有时会席卷半个地球。除此之外，燃烧会产生大量的二氧化碳，飞机会将大量有害气体排入大气中，人类和动物也会呼出大量二氧化碳。单独来看，一切都是小问题，但如果把这些污染加起来，问题就太严重了。

地球的温室效应

什么是温室效应？灰尘、污垢、二氧化碳和其他气体像钟形玻璃罩一样包裹着地球。一些到达地球的太阳光要么再次被反射到太空中，要么就弹射到我们上空的大气层，再

能量循环

太阳能

二氧化碳

水

氧气

营养成分

光合作用

植物的叶绿素（叶片中的绿色色素）不断吸收阳光、水分和二氧化碳进行光合作用，提供植物生长所需的能量，而且产生大量氧气，通过叶片上的气孔释放到空气中，人类和动物借助这些氧气得以生存。光合作用是地球上最重要的化学反应之一，我们呼吸所需的氧气主要来自藻类、细菌和植物的光合作用，因为人类本身并不能生产氧气。

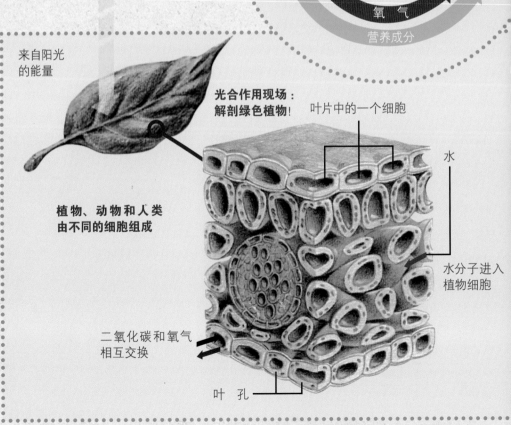

来自阳光的能量

光合作用现场：解剖绿色植物！

叶片中的一个细胞

水

植物、动物和人类由不同的细胞组成

水分子进入植物细胞

二氧化碳和氧气相互交换

叶孔

重新反射回地球表面。这就像在一个温室里，太阳释放出的热量通过玻璃屋顶被保留在温室内，从而使西红柿或黄瓜等蔬菜生长得更快。但是，地球上的生命是在太阳光线只落到地球一次的前提下发展而来的。现在，部分阳光绕道而行，再次照射到地表，造成的结果就是：我们的气候不断变暖，极地冰川不断融化，部分能量在运转中加倍释放，风暴也变得更加频繁和剧烈。

随着人工取暖和工业生产需要消耗越来越

多的能源，人口增长速度不断加快，越来越多的二氧化碳被排放到大气中，导致温室效应不断加强。为了减缓温室效应，我们应当保护森林，阻止全球气候变暖。但是，人类并没有保护这些森林，反而不断乱砍滥伐，把森林开垦为新的耕地。

地球周围的大气就像温室里的空气一样迅速升温。

温室效应

大气层就像温室帮助地球保暖，否则地球上早就寒冷无比了。然而，随着越来越多的二氧化碳和甲烷等温室气体排放到空气中，温室效应不断加剧，温室气体吸收大量太阳辐射，并将它转化为热量储存到地球表面（红色箭头）。

原材料供应商

椅子、桌子、橱柜、吉他、衣架、窗框、木地板、书架，当然还有书，所有这些日常用品以及更多的东西都是由木头制成的。森林是地球可再生原材料最重要的供应商，森林除了供应木材原料外，还会供应更多原材料。

大自然反对乱砍滥伐

森林曾经满是高高耸立着的乔木，如今只剩下断枝残叶。散落一地的树枝铺满整个路面，它们经常卡进重型卡车的轮胎中。光秃秃的森林里，太阳炙烤着地面，周围一片寂静，到处不再有欢腾的动物和啁啾的鸟儿。对于森林的土壤、动物和植物而言，乱砍滥伐是毁灭性的

打击。在加拿大和西伯利亚地区，人类为了获取经济收益，大量开垦和砍伐整片整片的森林。而在南美洲，人们不断毁林开荒，大量森林植被被焚毁，燃烧后残留的灰烬变成土壤的肥料，而这些森林地区逐渐被开发为牧场或耕地。

科学家曾在热带雨林中发现了爪哇姜黄，这种姜黄被用于制作香料和药品，后来人类开始大量种植，并将其销往世界各地。

➤ 你知道吗？

雨林中生长着240000多种植物，简直太令人难以置信了。目前，在所有的雨林植物中，只有大约5000种植物的医用价值正在被人类研究。尽管如此，平均每四种药物中就有一种来自雨林植物。

回归自然

许多动物物种也可能具有很高的药用价值，比如箭毒蛙。目前，科学家正在研究是否可以从它的毒液中提取出治疗心脏病的药物，它体内微量的毒素其实也可以起到积极的作用。箭毒蛙在捕食猎物的过程中，积累了大量来自猎物体内的毒素，并通过皮肤把毒素排放至身体表面，以免被更大的掠食者吃掉。要想从箭毒蛙身上获得宝贵的毒素，就不能饲养箭毒蛙，因为被圈养的箭毒蛙会彻底失去毒性。而当森林消失时，它们也会彻底消失。

从软木橡树树皮中可获得制作软木塞或地板的原材料。

在南美洲地区，热带雨林被大量焚烧，逐渐被开垦为耕地和牧场。

森林土壤并不适于农业种植，土壤中的营养物质会很快流失，土壤也会很快被侵蚀，人类就得迅速寻找下一片森林，不断毁林开荒。亚洲、非洲和南美洲的大量森林逐渐变成了棕榈种植园。在全世界的超市里，几乎一半的产品都在使用棕榈油：从洗衣粉到每个孩子都知道的坚果牛轧糖。为避免冠上破坏森林的恶名，很多木材商会出示热带木材证书，以此证明大量的热带木材并不是来自热带森林，比如柚木、桃花心木、孟加拉国红木等。但环保主义者认为这些证书经常造假，而且即使是依据国家环保标准建立的种植园，很多也曾经是猩猩或美洲虎等野生动物的家园。

换种方式利用森林

以森林为生的人必须要依靠森林养家糊口，他们与那些只追求金钱和利益的大公司不同。我们必须寻找合理的方式，实现森林的可持续发展，让每个人都能受益。我们要控制森林木材的开采度，只允许砍伐少量的树木，让森林能够自我恢复。可是很多人认为，如果这样有节制地砍伐森林，我们的木材资源就会比较稀缺，工作成本也会加大。但是如果我们仔细计算一下森林在生长过程中生产氧气、净化空气和储存水分所带来的益处，一定会远远超过过度开垦所带来的益处。如果森林从地球上消失，我们人类也将无法继续生存。

棕榈种植园

棕榈油是许多产品的重要原料，从口红、面霜、洗涤剂到巧克力。
右：婆罗洲的森林工人正在砍伐一棵巨大的树，雨林岌岌可危。

森林采伐作业

虽然全世界树木繁茂的地区正在不断减少，但欧洲的森林却在日益增多。在有些国家，比如德国，人们平均每天砍伐大约 50 万棵树！这些被砍伐的树木还包括了被暴风雨刮倒的树木。

它们不是被丢弃在森林中，而是会被加工处理。欧洲森林面积不会变小的原因是可持续性地开发和利用森林资源，这意味着至少被栽种的树木数量和被砍伐的一样多，森林可以进行自我修复。

如果你在森林里看到这样的横幅标语，小心可能随时会有树木"吧嗒"一声倒在路中央，所以最好选择另一条路。

注意——树要倒了！

树木快被锯倒时，伐木工需要大声提醒，并发出警告。但在伐木之前，伐木工必须谨慎判断：哪些树木已经成熟，可以被砍伐；森林在哪里被隔开，以便让其他的树木顺利生长。作出判断后，最重要的就是树应该朝哪个方向倒下，会不会挂在别的树上，等等。当然，任何机器、设备和工人都要防止被树木砸中。

Forstarbeiten! STOP! Lebensgefahr

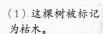

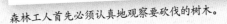

（1）这棵树被标记为枯木。
（2）箭头的方向指明撤退通道。
（3）这棵树受树皮甲虫侵袭，必须被砍掉。

与树木对话

在砍伐前，森林工人会仔细观察树木，人们称之为"与树木对话"。树冠在各个方向的轮廓都几乎一样还是明显向一侧倾斜？躯干是直的还是倾斜的？当这些问题确定后，森林工人就开始寻找树倒下的方向，而锯口会决定这一切。过去，工人们使用手锯或斧头伐树，而今天主要使用电锯，但是这些工具的原理是一样的：工人先在树干的一边锯出约三分之一深的凹槽，树木就会向凹槽所在的一边倾倒，随后工人们走到树干的另一侧，从略高于锯口上方的位置开始锯出伐木横截面。

森林工人首先必须认真地观察要砍伐的树木。

伐木需要敏锐的观察力

说起来容易做起来难。砍伐树木是一项非常危险的工作，即使这棵重量级巨树落地，这项工作仍然存在很多潜在的风险，比如树干和树枝可能会受到挤压而被迫弯曲，虽然它们看起来像是垂下去了，但如果你锯到那里，树枝可能会弹回来，并可能击中伐木工。此外，工人手中还拿着一台非常危险的机器——电锯。伐树过程危险重重，森林工人必须事先进行精确的测量，同时还应穿好防护服。

首先锯开锯口，然后在锯口另一端偏上一点的位置锯出伐树的横截面，最后用楔形电锯将树朝正确的方向锯倒。

从斧头到收割机

人类考古发现的最古老的斧头距今约有35000年的历史，它由石头制成，可能曾用于木材加工。到了青铜时代，人们开始发明和制造金属工具，第一把金属斧头随之问世。自此，人类开始尝试利用斧头切断木材纤维，比如砍伐树木，砍掉树木的枝丫，将树木加工成工具或木柴。到了15世纪，伐木更省力、操作更精准的金属锯开始出现，它逐渐取代斧头成为主要的砍伐工具。后来，人们又设计出双人锯，伐树工作越来越便捷。但无论如何，金属锯永远无法与电锯相提并论，电锯在一分钟以内就能锯倒一棵100年老树的树干！

超强伐树机

轰隆隆，超强伐树机来了。它能一次完成好几个步骤：首先，它一把吊起树干，锯子会在下方把树干锯断；其次，伐树机的抓手会把树干旋转至水平位置，在链条的帮助下，整个树干会被锯断成几段；最后，伐树机还要给树干剥皮，并自动砍掉树干上的旁枝，如果需要的话，树干还会被砍成等长的木材。这一切发生得比往面包上涂抹黄油还要快。

伐树机速度快、省力，更重要的是安全系数高，没有任何人敢像它一样轻松地立于正在坠落的树下。不过，它也有缺点：第一，它的体型非常笨重，会碾坏和压实地面；第二，功能单一，无法用于其他任何地方；第三，它不能在崎岖的路面上行驶，在这一点上，各种森林爬行动物或许远远领先于它。

伐树机的巨型抓手就像章鱼的触手一样抓住树干，从合适的长度将树干切断，有些伐树机甚至还能给树干剥皮。

在陡峭的高山地带，人们有时会用直升机来运输被砍伐的树干。

马是森林工人：它们被称为冷血动物，不是因为它们血液冰冷，而是因为它们非常沉着冷静，可以在大型机器无法到达的地方工作。另外，它们还能减少对森林土壤的破坏，保护森林土壤。

森林的冬日时光

冬季是人类进入森林伐树的最佳季节。在冬季，树木中的水分不断减少，木材干燥得更快，它们也能更快被加工。冬天的落叶树光秃秃一片，树根无法从土壤中吸取水分。针叶树也会减少它们的活动，处于一种冬眠状态。冬季伐木还能保护森林土壤，因为如果森林地面被冻结，机器就不会对土壤造成太大的损害。不过，冬季森林工作环境也不宜太冷，因为在低温下木头会变脆，树干可能会自动裂开甚至碎裂，很难再被加工成木板或横梁。在冬季进行森林工作还有一个非常现实的原因：许多森林主人都是农民，在春季、夏季和秋季，他们要忙于其他的农活。

冷静的木材搬运工

为了把木材从起伏不平、颠簸崎岖的山地运送出来，同时还为了保护森林土壤，人们发明了马匹集材拖拉的运输方式：大型马匹将树干从森林中运输出去，然后再将它们装载到卡车上。过去，这些马匹几乎是各地木材运输工作中不可或缺的助手。

双人锯在树上来回移动，这是一项艰巨而危险的工作。

知识加油站

▶ 长柄斧和短柄斧一样吗？
不一样，但为什么不一样呢？根据考古学家的解释：无论是石制的还是金属制成的短柄小斧，它们的头部都固定在木柄上；而长柄斧的头部会增加一个孔，以便木柄可以更灵活地插入和固定。

▶ 现在它们的差异更大：长柄斧比较大，主要用于劈开大木柴，供烧炉之用；而短柄小斧相对短小，可以劈开小木柴，供生火之用。

屋檐下的柴火堆：红线用来标记木材是否被盗。

木材——
森林的馈赠

你有书架吗？环顾四周，床、书桌、笔记本、竖笛和许多其他乐器，你可能会惊讶于你周围的一切都是由木头制成的。但是，木材为什么有这么多用途呢？

可再生原料

木材是一种可再生原料，它非常适于加工，你可以自己用木材建造一个木质鸟屋——这可比建石洞或者塑料屋简单多了。木头还有很多其他的属性，当木质产品损坏后，还能重新回收利用，比如可以用作燃料。如果保养得当的话，木头的保质期会很长，而且，木头的外观也十分漂亮。

世界上有 70 多种木材树种（可用于生产各种木材），其中包括 26 种落叶树和 7 种针叶树。最典型的木材树种是云杉、松树、山毛榉和橡树，落叶松以及近几十年被广泛种植的道格拉斯冷杉也是非常常见的木材树种，还有一些珍贵的木材树种，比如槐树、樱桃树、枫树或胡桃树等。相比而言，珍贵的木材树种产量低，使用率低，但因为质量上乘而备受青睐。

▶ 你知道吗？

在大约 2000 年前，我们的祖先在木板上写下了早期的文字符号，这些木板主要是山毛榉木板。

纸张也是由木头制成的。

成千上万的原木存放在锯木厂，它们可以被加工成木板或铅笔。

木制房屋在很多地区十分常见，比如加拿大、德国和我国南方地区，这些小木屋价格便宜，工序简单，而且外观漂亮。

使用重型设备的木匠

木雕已经存在很长时间了，即使用电锯也可以制作出精致的大型雕塑。

树干如何变成木板？

在森林里，砍伐的树木被大卡车运送到锯木厂，然后根据树木种类的不同，它们会被分别运到针叶林木材厂或阔叶林木材厂。那些圆木材被摞成巨大的堆垛，静静地等待被加工。随后，它们会被起重机吊起，放置于传送带上，送进加工厂。巨型锯片会根据所需的长度和厚度，把它们切割成不同的木板或横梁，并将它们堆成一摞一摞便于储存。

巨大的锯片将树干切割成木板或横梁。

知识加油站

▶ 当木材燃烧时，它会释放出大量的二氧化碳等温室气体，燃烧所释放的二氧化碳与它在生长过程中储存的二氧化碳一样多。

▶ 如果把木头制成桌子或其他东西，二氧化碳就会保留在木头体内。所以，被保存下来的木制品对气候大有裨益。

被誉为"空中楼阁"的树上旅馆坐落于加拿大温哥华岛中部的一个小庄园里。

森林和木材加工

木材在人类文明史上留下了不可磨灭的痕迹。很早以前，人类就开始利用木材制造各类木质工具和武器，他们还制造出各种各样的船舶。据科学家考证，在哥伦布发现美洲大陆之前的好几百年，维京人就曾乘坐船只到达了这片新大陆。在 16 世纪，西班牙人利用木材建造出当时最大的海军舰队——无敌舰队。而且，人类发明的第一辆车就是由木头制成的。由此看来，木材加工确实有着悠久的历史。

森林管理员是森林主人

森林管理员先确定砍伐哪棵树，然后根据买方的要求加工被砍伐的树，不过在这之前得先找到买主并与之协商。森林管理员得注意维持生态平衡，如果有太多的动物伤害树木，比如狍子过度啃咬树木，他们就会请猎人来猎杀动物。森林管理员通常要接受大学教育，大学

▶ 你知道吗？

世界上有很多树屋酒店，它们的制作工序并不像看起来那样容易，建筑师不仅得善于使用锤子和无绳螺丝刀，还必须想方设法摆脱眩晕感。瞧瞧图片中的这座树屋酒店，它庄严地耸立于离地 10 米的高空。

这些木制的长矛和箭头带有铁尖，这些工具改变了人类早期的狩猎方式。

（1）小提琴制造者
（2）森林管理员
（3）用卡尺测量树干
的直径。

会根据不同专业的定位和专业侧重点设置不同的专业，例如研究木材生产的经济学、森林生态学和野生动物管理学等。写文章是森林管理员的重要工作内容，如果你询问一位森林管理员，他通常会告诉你，他伏案工作的时间要远远多于在森林里穿梭的时间。

木材商人在上面

哪里有大规模销售或购买木材的活动，哪里就有木材商人。木材商人这个职业听起来或许很无聊，但这份工作却并不轻松。木材商人必须是真正的专家，他们不仅需要评估木材的质量，区分不同类型的木材，还要对锯木厂和木材销售市场都有充分的研究。有一些木材商人专门经营国外进口的木材，还有一些主要经营旧木材，比如拆除或翻新房子时弃用的旧横梁，有时，这些旧横梁会是制作一个音色优美的小提琴的绝佳材料。

从小提琴到树屋

仪器制造商、造船商、木工、木匠和艺术家，这些人都会和木材打交道。小提琴和原声吉他都是由价格昂贵的旧木材制成的，艺术家还会使用天然木材制作雕塑。谁不曾梦想拥有自己的树屋？有些建筑公司会专门从事树屋建设，他们修筑外形美丽独特的树屋，让人们生活在自己梦想的树屋里。

船舶建造者
在工作。

"圣玛利亚"号

早期的船舶是全木制的，比如发现美洲大陆的克里斯托弗·哥伦布乘坐的"圣玛利亚"号。

森林——
自然的馈赠

猎人和森林管理员可不愿看到寻宝者爬进矮林，或者爬上树。

最初，野猪、狐狸和獾可以自由穿梭在森林里，随后森林管理员、森林工人或猎人开始慢慢进入森林。在过去的几十年间，特别是在靠近城市的森林里，越来越多的人出于各种原因不断走进森林：对于慢跑者和山地车手来说，这里是一个免费的运动场，步行者、狗主人喜欢在森林漫步，还有一些人把小香肠、肉串和便携式烧烤架带到森林里。

谁是森林的主人？

在德国，大约三分之一的领土被森林覆盖着，其中接近一半归私人森林主人所有，三分之一归国家所有，其余归所在城市、社区或教堂所有。在德国、奥地利和瑞士，原则上每个人都可以进入森林，即使它们是私人财产。但如果你不想与森林管理员，或者森林里的野猪妈妈发生不愉快的话，那你必须要遵守相关的森林公约。有些在森林寻宝的朋友，他们偶尔会穿过矮林去猎奇。在这些未知的危险地带可能生活着自带攻击性的野猪，为了保护幼崽，它们或许会主动发起对入侵者的进攻，尤其是在黄昏时分，它们会把人类当成敌人。这时，你在森林里遇到它们该怎么办呢？

森林公约

- 在森林里，不要随便食用你无法 100% 确定可以食用的蘑菇或浆果。而对于可以食用的食物，在食用之前请先把它们彻底清洗干净。

- 不要随意采摘花朵或其他植物，也不要随意采摘蘑菇，因为它们可能有毒。如你所知，它们可以与其他植物一起生活，而且它们对动物也很重要。

- 在森林中和森林周围经常生长着很多大猪草，千万不要触摸它们，它们的汁液会让你的皮肤上长满令人讨厌的水泡。

- 当然，你不能在树林里烧烤，森林里禁止火源。

- 你可以在森林里小声耳语，但最好不要大声尖叫，否则狍子和其他森林动物会受到惊吓。

- 垃圾属于垃圾桶，不属于森林。

人们喜欢森林，但森林属于植物和动物，森林是动物和植物的家，我们人类只是客人。

在森林里骑马非常美好，但必须在森林步道上骑马，否则会引来麻烦。

放大镜下的森林或者高
处俯视的森林，一定会
有新发现！

➡ 你知道吗?

蜱虫既不是天牛，也不
吃木头，它没有使自己看起
来像天牛那样长长的触角。
但蜱虫非常喜欢寄生在动物
或人身上，它们往往会潜伏
在草地里等待猎物经过。这
种小动物本身是无害的，但
被它咬过的伤口会发炎，会
传播疾病。如果你在草地上
或在森林里玩过的话，晚上
最好洗个澡，看看是否有一
只可恶的扁虱（蜱虫的别名），
对，就这么称呼它，看看它
是否在你身上迷路了。

森林探索之旅

许多森林都有森林小径，这对于旅行者和
班级组织春游来说太棒了。森林管理员会向参
观者介绍许多森林奇观，比如蚂蚁们是如何工
作的，什么是昆虫旅馆，谁住在昆虫旅馆，等等。

狍子的脚印、野猪的刨食点、狐狸窝或
者河狸的啃咬痕迹——如果你再幸运点儿的话，
你还会看到一些森林居民。询问一下老师或
家长，看看你和班里同学可以参加哪里的森
林探索之旅。

• 不用锯子的动物伐木工

河边又出现了河狸的身影，它们在树上留
下了明显的咬痕。

世界各地的森林

世界各地到处生长着形态各异的森林，它们千奇百怪、大不相同，大概只有南极和北极没有森林吧！要是有谁认为海洋中没有森林，那他就大错特错了。神秘的水下森林在海洋沉积物的掩映下，覆盖着大量的沉水植物。

北部的巨型绿化带

针叶林像一条飘带一样横跨加拿大、阿拉斯加、北欧、西伯利亚和蒙古等地区，北半球高纬度地区的巨型绿化带被称为泰加林。而在更北的地方生长着低矮的灌木、地衣和苔藓等小型植物，这里被称为苔原。往南延伸的森林被桦树、赤杨、橡树和山毛榉等落叶林重重覆盖。在冬季，北半球的高纬度地区会变得异常寒冷，气温有时会降至零下50摄氏度，而那里的夏天十分短暂，只有一到两个月。夏天结束时，落叶林的叶子开始不断掉落，然后它们就会停止生长。

阿拉斯加的迪纳利国家公园的秋天，这里生长着各种灌木、地衣和苔藓。

目之所及，到处是一片常绿的针叶林：北部的绿化带——比如加拿大阿尔伯塔省班夫国家公园。

美国加利福尼亚州的巨型红杉树。

红树林是海洋的托儿所。

亚马孙雨林居住着许多色彩缤纷的鸟类，比如金刚鹦鹉。

水下森林

藻类植物可不能抱怨缺水，因为它们本来生长在海洋中。但是，海水的含盐量太高了，只有极少数植物能够像藻类植物一样适应它，成为真正的水下巨人：巨型藻类植物可以从海底向上生长40米。水下森林和其他森林一样，生活着各种各样的动物，比如海豹、海獭等。有时候，水下森林也会被人们称为海藻森林。

秋天，欧洲的落叶林一片金黄。

在西伯利亚，针叶林是野生动物的天堂，这里生活着世界上体重最大的猫科动物——阿穆尔虎。

➡ 你知道吗？

与夏绿冬秃的欧洲落叶林相反，世界上很多地区的森林都是四季常绿的，比如热带雨林。热带地区的冬天不会很冷，夏季也不会很干燥，树叶可以四季常青。

热带稀树草原

常年高温、雨水稀少、营养贫乏、沙质土壤：这似乎不是森林的理想条件，但即使在这样恶劣的自然条件下也有植物生存。生活在这里的树木有着超强的适应力，可以抵抗恶劣的自然环境。比如，在澳大利亚就生长着大量巨型桉树，它们的生长速度十分惊人。

- 常绿硬叶林
- 热带雨林
- 季雨林
- 落叶阔叶林
- 极地和无树地区
- 针叶林
- 荒地、沙漠、草原

辽阔的热带雨林

在地球赤道的两侧，热带雨林高耸入云，那里的降雨量比其他地区至少多五倍，部分树木甚至可以自动储存水分。早晨太阳照进热带雨林，大量的水分通过树叶被蒸发，在森林的浓雾中盘旋上升，凝结成云。如果没有风吹散大雾，水汽会遇冷凝结成小水滴，形成降雨。

但即使在热带地区之外也有雨林：亚洲地区有大量的季雨林，那里夏季雨水充足，秋冬季节则通常持续数月不会降雨。在人们根本不会期待的地方也有雨林，比如加拿大的温带雨林。

世界各地的雨林

危地马拉国徽上印着一种动物——绿咬鹃，它被奉为神鸟，生活在中美洲的云雾森林中。

当提及雨林，人们脑海中会自动想到位于地球赤道附近的巨大绿色森林带。南美洲、非洲和澳大利亚北部拥有大量的热带雨林，在这些热带雨林中，树木四季常青，而且四季也不太分明。但在温带雨林，我们就能感受到明显的四季变化。虽然雨林包括热带雨林、亚热带雨林和温带雨林等，但不管处于什么气候带的雨林，下雨都是家常便饭。雨林的表层土壤十分贫瘠，腐殖层非常薄，落叶、枯萎的植物和动物的粪便等有机物迅速就被整个微生物军团分解。森林的底层土壤都是沙土或黏土，如果没有真菌，溶于水中的营养物质很快就会自动流失，真菌与树木的这种共生关系比森林动物间的共生关系更加明显。不过，森林里的树木和真菌还会通过其他方式获得水分和营养物质。

作为热带雨林的土著居民，亚诺玛米人对手机、电视和汽车等现代发明一无所知，他们坚守着他们的热带雨林生活空间。巴西政府将一大片地区划分给他们，他们作为雨林的守护者，帮助"地球之肺"继续为人类生产氧气。

不可思议！

在夏威夷的考艾岛上，雨一如既往地下着：这里的年降雨量高达 12000 毫米！而属于温带海洋气候的德国城市汉堡年降雨量只有 773 毫米。一股夹杂着湿润空气的东北信风一路攀升到 1569 米高的怀厄莱阿莱山陡峭的悬崖上，但这股湿润的空气无法越过高山，因此在山的另一边，几乎从不下雨。

皇狨猴，一种来自南美洲的小绒猴。

热带雨林

热带雨林是世界上物种最丰富的地带，这里栖息着成千上万种植物和鸟类，它们与猴子、白熊和带尖刺的豹子共同生活在这座"森林天堂"。当阳光洒落在热带雨林里，猎豹的斑纹皮毛完美地与环境融为一体。不过，比猎豹更危险的是箭毒蛙，它们色彩斑斓的皮肤释放出大量致命的毒药。还有无法忍受的闷热和嗜血的昆虫：热带雨林似乎对人类充满敌意，但这里居住着少数原始土著民，只要不受打扰，他们也会幸福地生活在热带雨林里。

这只猎豹正在南美热带雨林的矮林中狩猎。

亚热带雨林

与热带雨林不同，亚热带地区季节分明，但并非是夏季和冬季，而是干季和湿季分明。一旦雨季开始，这里的倾盆大雨每天都会持续好几个小时。

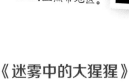

世界上最大的牛是印度野牛，它们生活在从印度到马来西亚的亚热带地区。

云雾森林

云雾森林主要出现在山脉的东部。在热带和亚热带地区，从海洋吹向陆地的风夹杂着湿润的空气，逐渐在山坡处积聚成云，厚厚的云层将山坡团团围住，形成降雨或大雾天气。在非洲维龙加山上，这种云雾森林是山地大猩猩最后的家园。

《迷雾中的大猩猩》

这部著名的影片讲述了毕生致力于保护大猩猩的女生态学家黛安·佛西的故事，她为了研究濒临灭绝的非洲大猩猩，在葱郁的迷雾森林中与大猩猩共同生活了18年。

老虎和灰熊 生活在哪里？

不，它们没有住在一起——或者至少不是直接相处，太平洋和白令海把它们阻隔开来，但它们的栖息地却非常相似，比如相似的地理纬度、相似的树种。老虎、灰熊、驼鹿、鹿、狼，还有许多其他动物共同分享这片领地。

从加拿大到西伯利亚

横跨欧亚大陆和北美大陆最北端的广阔森林碧绿清澈、浩瀚无垠，广袤的北方针叶林区占地面积超过地球表面积的13%，成为世界上最大的连片森林。这里生活着凶猛的陆地捕食者，比如北极熊。

濒临灭绝的老虎

世界上最大的猫科动物——西伯利亚虎，也被称为阿穆尔虎，是一种濒临灭绝的动物。人类过度砍伐森林，不断毁坏它们的栖息地，大量的偷猎者进入森林，对它们进行非法猎杀，所以它们的生存状态令人担忧。通常情况下，偷猎者都是穷人，尽管非法猎杀马鹿和野猪等野生动物已经被明令禁止，但偷猎者还是会冒险非法狩猎，以此来获取鲜肉，有时他们也会猎杀在森林里出没的老虎。

➡ 你知道吗？

地球上体型最大的陆生猛兽并不是北极熊，排名第一的是科迪亚克棕熊，排名第三的是堪察加棕熊。相比于生活在温暖地带的亲戚们，为什么这些生活在寒冷地带的大熊们体型更庞大呢？因为它们庞大的体型能更好地抵御寒冷。开个小玩笑：如果你给老鼠穿上一身北极熊皮毛，它站在浮冰上也会立即被冻僵。

雄壮的阿穆尔虎正在山地漫步，努力穿越西伯利亚家园。

驼鹿外形十分独特，它们在
交配期具有超强的攻击性。

猎捕鲑鱼

每年秋天，鲑鱼都会从海洋中返回河流上游（出生地）产卵，
灰熊会在途中等候它们。

在野外无法觅
食的马鹿只好
重返森林。

在返回出生地的旅程中，
鲑鱼的肤色变成了鲜红色。

为了抵御严寒的天气，人们必须通过吃肉来储存脂肪。有些非法偷猎者也会追捕老虎，因为在有些地区，人们会不惜花重金买老虎的骨头，他们认为老虎的骨头有强筋健骨的功效——但这完全是无稽之谈。

击性，它们无法容忍附近出现任何人或动物。如果你看到一只大驼鹿身边有只小驼鹿，那这只驼鹿便是雌性驼鹿，你千万不要试图去挑衅它。大型食草动物在森林里穿梭和觅食，它们喜欢啃食高处的树叶，阳光就可以穿过高大的乔木洒落到森林地面，低矮的草本植物也能更好地吸收阳光，快速生长。小型食草动物能从中获益，它们可以在低矮的森林牧场找到美味的草料。

大型食草动物

两米多长的身型、像铲子一样扁平的鹿角、迅雷不及掩耳的奔跑速度——驼鹿是世界上最大的鹿科动物。在交配期，驼鹿具有超强的攻

阿拉斯加棕熊和它
的小宝贝。

木狼慈爱地用舌头
舔舐它的宝宝。

干燥的 稀树草原

　　树木生长需要大量的水分，但人类不断开垦这片干燥的森林，水分流失进一步加剧。虽然生存十分艰难，但这里的树木把水分储存在根部，一次次地将它们向上输送，最后通过树叶被阳光蒸发。一旦这片干燥的森林被开垦，热辣辣的阳光就可以毫无阻挡地照射到地面，地下水位将不断下降，水资源也将面临枯竭，这片干燥的森林也将变成沙漠。

考拉的故乡

　　自然条件越艰苦，能适应这些恶劣生存环境的动植物数量就越少，它们的生存技能也会越巧妙。欧洲落叶树为了吸收更多阳光，或许会将树叶完全转向太阳。但在澳大利亚干燥的稀树草原，为了躲避阳光和减少水分蒸发，桉树的叶片数量不断减少，而且叶片会整体下垂。奇特的桉树还能适应频繁的森林火灾，桉树的树干和树枝中生长着很多休眠树叶，它们

（1）体型庞大的草原狒狒居住在非洲的稀树草原。
（2）世界上最受欢迎的熊：考拉。它是一种有袋动物，生活在澳大利亚的干燥森林里，喜欢吃不同种类的桉树叶。
（3）南美洲也有稀树草原，那里生活着各种各样的鸟类。但随着自然因素和人为因素的破坏，那里的鸟类现在仅剩大约800种，其中许多种类正濒临灭绝，如李尔氏金刚鹦鹉。

濒临灭绝的长尾猴，栖息于撒哈拉以南的非洲。

只有在高温下才会被激活。大火过后，休眠的新树叶会从树干中慢慢苏醒，虽然树干可能被烧得有些发黑了，但树冠上会迸发出很多清新的绿色树叶。

荆棘丛和猴面包树

热带稀树草原，这个被非洲人称为"干燥森林"的辽阔地带，横跨不同地区，是地球上最大的森林地区之一。这里生长着不同的树种：荆棘、灌木、乔木等。当长颈鹿经过稀树草原时，它们会啃食荆棘丛中的叶片以及长在高处的树叶，它们是为数不多的可以在荆棘丛中觅食的动物，黑犀牛也可以娴熟地使用上唇做到这一点。如果稀树草原没有长颈鹿和黑犀牛，这里一定会长满荆棘吧！试想一下，荆棘遍布的稀树草原将会怎样？动物们一定会无处捕猎。非洲猎豹是大草原上的大型捕食者，当它穿梭在满是荆棘的树丛中，它一定会被满地的尖刺扎得遍体鳞伤。

树木如何自卫

聪明的树种不断寻找保护自己免受食草动物过度啃咬的方法。当长颈鹿靠近并啃食金合欢树叶时，金合欢树就会释放信息，随风吹向其他金合欢树，让它们提前释放一种苦涩的物质，吃到"苦头"的长颈鹿就会放弃啃咬它们的树叶。长期居住在树上的考拉总是喜欢待在桉树上，啃食它们的叶子。为了避免被考拉过度啃食，桉树也会存储苦涩物质来对抗考拉，它们能自动改变树叶的味道和叶片的组成物质，让自己变得苦涩，甚至还会产生毒素。

（1）豹猫栖息于山地林区以及郊野灌丛附近。
（2）猎豹喜欢在辽阔的非洲大草原狩猎，它是那里速度最快的猎手。

知识加油站

▶ 在干燥的森林里，大火是家常便饭，动植物早已习惯了这种森林火灾，大火也是这个生态系统的一部分。

▶ 森林火灾对森林原住民形成了巨大的威胁，为了保护森林土著部落，经过特殊培训的消防员在地面与高空直升机驾驶员正在密切合作，共同灭火。

森林巨人

冷静的马匹驾着马车，径直穿过森林。

分布于美国加利福尼亚州和俄勒冈州的海岸红杉，被誉为植物界的"活化石"。其中最高大的巨型红杉被美国人称为"总统树"，它生长于加利福尼亚州的红木国家公园，高度超过115米。见过这棵红杉树的人一定会为它的高大而惊叹，它是全世界仅有的用照相机拍不出全身的树，现在已经有三千多岁了。

大自然的魔法

欧洲最古老的树木已有9000多年的历史了，一定觉得难以置信吧！这棵生长在瑞典的欧洲云杉在公元前7550年左右就已经存在了，它的高度不超过五米，树干看上去非常纤细，而且也很轻，但是它的根系确实有九千多年历史了，这一切都太不可思议了吧！大自然是一个伟大的魔术师：这棵古树的根系非常古老，它拥有无性繁殖特性，一棵又一棵新树从它的根系上慢慢发芽生长，这个树根系统上的所有树木具有完全相同的基因，这就是最古老的克隆树。而没有克隆特性的最古老的树，现在的树龄也超过了4700年，是一棵非常长寿的松树。

世界上最古老的克隆树——生长于瑞典中部的"Old Tjikko"。

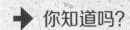

最高的落叶树

当寒冷而干旱的季节到来时，叶片同时枯死、脱落的树种就是落叶树。地球上最高的落叶树是巨型桉树，它的高度超过 100 米——目前已经没有这么高的桉树了。这个树木品种并不古老，只有大约 400 年树龄，但它长势非常迅速。因此，在塔斯马尼亚种植的"王桉"可能已经超过 100 米，因为创作这本书的时候，它就只差几毫米的距离了。

勇敢者的挑战

红桉是一种非常独特的桉树，它生长于澳大利亚西南部。如果你有足够的胆量，也可以尝试攀登最高的红桉。高大而别致的红桉有一个天然的瞭望台，树本身的高度超过 70 米，但在 61 米处有一个平台，从那里你不仅可以俯瞰整个地区的壮观景色，还可以窥探和监测森林火灾。当现代灭火技术尚未遍及这片森林时，

人们会在这个瞭望平台用双筒望远镜监测森林的安全。

像教室一样的树

世界上树干最宽的树是生长于墨西哥的图尔树，它是一棵历史悠久的柏树，它的树干宽度可达 14 米，如果将整棵树的树干掏空，整个教室都能被装进去。相传，1400 年前，一位阿兹特克牧师亲手栽种了这棵树，它至今仍然生长在那里。这个传说极有可能是真的，因为这棵图尔树坐落于被阿兹特克人视为"圣地"的图尔镇。

➡ 你知道吗？

在过去很长一段时间里，人们都认为"谢尔曼将军树"是世界上最大的、树干最宽的、最古老的树。但随着时间的推移，人们的这个想法逐渐被推翻。现在又有人认为它是世界上体积最庞大的树：如果有人测量它的高度和周长，可能没有一棵树可以与"谢尔曼将军树"相媲美。

（1）墨西哥的图尔树是世界上树干最宽的树。
（2）仅限于那些毫不眩晕的勇士：61 米高的"红桉"观景平台。
（3）在这些巨型红杉面前，房车看起来就像一辆玩具车。

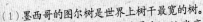

海藻森林

在水温冰凉的沿海地带，一座水下森林正在此处蓬勃生长，这片海底森林被称为海藻森林。在这里，生长在海床上的藻类植物种类丰富，它们可以长达几米，这些藻类植物努力向水面生长，逐渐在海洋世界形成了自己的生活方式。如果没有这些藻类植物，海洋世界也将不复存在。一方面，这些小小的藻类植物，慢慢成了海洋植物和动物们的营养基地；另一方面，这些巨型藻类植物长达 40 米，它们密密麻麻地排列着，为海洋生物提供了丰富的食物、育儿所和栖息地。

海藻森林的守护者

一只海獭漂流在海面上，嘘，它正在安静地睡着觉，它的肚子上缠着一片海带，这样能以防被海浪冲走。海藻森林为海獭提供了栖身之所，而海獭也成了海藻森林的守护者。海藻森林最大的敌人是海胆，因为它最喜欢的食物就是海藻，而海獭的头号猎物就是海胆。曾几何时，人类为了获取海獭温暖的皮毛，大量捕杀海獭，导致它们几近灭绝。失去天敌的海胆开始爆炸性繁殖，海藻森林一度陷入巨大的生存危机。直到海獭重返海藻森林，海洋生态平衡才得以恢复。

海豹必须得时刻警惕鲨鱼和虎鲸的袭击。不过在海藻森林里，它们是安全的。

数量最重要

数额巨大、无法估算的小海藻漂洋过海，聚集在海藻森林里。科学家们研究发现，这些海藻植物制造的氧气与陆地上的绿色植物生产的氧气不相上下。

浮体给予必要的浮力。

绿色植物不一定是绿色的

虽然藻类植物中含有大量的叶绿素，能进行光合作用，但我们经常会发现很多藻类植物并不是绿色的，例如褐藻。其实，在这些藻类植物中，叶绿素有可能被其他植物染料叠加。在这些海藻植物中有一种巨型海藻，它长达 45 米，长势十分旺盛，与其他藻类植物共同组成了互相缠绕的海藻森林，其中内置的浮体会为它们提供必要的浮力。

贝壳、蠕虫、螃蟹和蜗牛等动物喜欢在高耸的海藻森林寻觅食物，随后它们会成为大型捕食者的猎物。海狗和海豹不仅可以在那里觅食，还可以躲避鲨鱼等凶猛的猎手。此外，海藻森林还是一个超有趣的海狗游乐场。

藻类植物的营养物质对人体非常重要，它们会为人类提供各种维生素和矿物质。在日本，人们会用紫菜制作寿司，紫菜就像卷在米饭周围的带子，而这些紫菜就是人们从海藻森林里收获的红藻门植物。

→ **最新纪录**
80000 种

有的长度只有几千分之一毫米，有的长度超过 40 米——几乎没有其他物种像藻类植物一样丰富多彩。科学家认为还有很多藻类植物尚未被发现。如果海洋中没有了藻类植物，海洋世界也将不复存在。

海獭是海藻森林的守护者。如果没有它们，海胆就会过度繁殖，吞噬海藻森林。你瞧，这只海獭正在用一块石头撬开手上的贝壳，它是个非常聪明的捕食者。

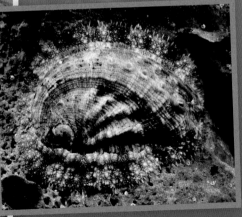

最离奇的生命形式之一是鲍鱼，这种蜗牛科动物看起来像耳朵，又像贝壳。

红树林——海岸护卫

红树林是世界上最迷人的生态系统之一，它主要分布于热带、亚热带海岸的海陆过渡地带以及河流入海口。红树林植物对环境的适应能力十分惊人，比如它们喜欢"喝"咸水，摄入咸水后，有的植物可以通过根部自动过滤掉部分盐分，还有大约 70 种红树林可以通过叶子上的盐腺分泌盐分，而其他的植物会将盐分储存在树叶中，通过脱落叶片排除盐分。红树林是丛生态植物，一株母本可以繁衍出一整片森林，当主根扎进泥土后，会长出许多盘根错节的支撑根。红树林是小鱼们的避难所，也是许多动物们的食物来源。此外，它们还会保护背后的海岸免受海洋侵袭：红树林利用它发达的根部，可以减少水土流失，减轻海浪的侵蚀和破坏。

树冠上的鸟和树根之间的鱼

红树林生态系统具有独特的价值，它是许多物种赖以生存的栖息地：树梢上生活着鸟儿、

不可思议！

红树林属于丛生态植物，新的生命不断从母株上萌芽，并在脱落时自备食物，脱落后可以像小船一样游动。随后，它们就可以在海上生存数月，并在符合条件的任何地方扎根。

（1）雄性提琴手——螃蟹用一把大剪刀吸引雌性，它们"挥舞"着大蟹钳。
（2）红树林的树蛇

石油钻井平台爆炸后冒出黑烟。
右：从石油泄漏事故中解脱出来的鹈鹕。

蛇和各种哺乳动物，它们往来穿梭、嬉戏其中；树根之间栖息着鱼、螃蟹、贝壳、蜗牛、藻类、牡蛎等生物，还栖息着许多其他的物种。为了满足人类的消费需求，水产养殖也不断兴盛，生活在海边的渔民会不断开采红树林，收集贝壳、牡蛎，捕捞螃蟹，并进行大量人工繁殖。现在，很多大型超市会为人们提供丰富的水产品。在泰国和越南等亚洲国家，人们正在尝试人工种植红树林，这意味着人们开始意识到红树林对鱼类等生物种群的重要性。

保护大自然

　　大自然的自我修复力量非常巨大，但并不是无限的。很少有科学家敢保证，红树林可以从溢油污染事故中完全恢复，并将动植物带回原处，恢复往日生机。因此，我们必须自觉尊重自然，保护森林。如果我们继续乱砍滥伐、污染环境，那么我们开启的将是一条自我毁灭之路。

可避免的灾难

　　海下沉睡着大量油田。藻类、浮游生物以及植物等生物的遗体密封在海底，经历数千年高压后变成丰富的石油资源。如果在石油资源聚集的地方钻一个孔，水下的压力会推动石油上升。为了勘探石油资源，石油公司正在测试钻井。通过这样的钻探，各国的石油平台就能开采丰富的海底石油资源。然而，在 2010 年的春天，一场巨大的灾难发生了：

　　人们忽视了安全系统的检测，海上钻井平台发生了一次巨大的爆炸，平台上有 11 人死亡，8 亿升石油进入海洋。这场爆炸还对墨西哥湾和密西西比三角洲的红树林造成了巨大的污染。石油渗透进植物体内，改变植物体内细胞的渗透性等生理机能，给这些植物带来了灭顶之灾。不过大自然真是一个奇迹——它成功发起了绝地反击。虽然直到现在，这里的生态还没有完全恢复，石油的残留物仍然到处蔓延，但这里大部分的生命已经恢复生机了。

红鹮，也被称为"红朱鹭"，它们栖息在红树林里，并在此大量繁殖后代。

生长秘诀

一些红树林植物通过叶片分泌盐分——这是它们在海水中生长的诀窍。

名词解释

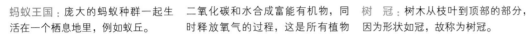
橡树的叶子和果实，我们的原生树种之一。

蚂蚁王国：庞大的蚂蚁种群一起生活在一个栖息地里，例如蚁丘。

水产养殖：在水中人工饲养植物和动物的生产活动。

舰　队：由多艘舰艇和各种战斗机群组成的作战部队。

树　皮：树干外围的保护结构。

树皮甲虫：它们通过在树上钻出通道进入树皮里面进行产卵，如果它们过度繁殖，就会给云杉森林造成巨大的损害。

叶绿素：植物体内可以进行光合作用的绿色色素。

珍贵木材：树种产量低、使用率低、质量上乘而备受青睐的木材。

锯　口：为了砍倒树木，在树干上锯出的切口。

伐　木：砍倒树木。

光合作用：绿色植物吸收光能，把二氧化碳和水合成富能有机物，同时释放氧气的过程，这是所有植物生长的原理。

寻　宝：寻找宝藏，在森林寻宝游戏中，"宝藏"通常只具有象征意义。

地下水：埋藏在地表以下的水资源。

集材拖拉：树干被马匹拉到森林公路上。

腐殖质：有机物经过微生物分解形成的胶体物质，它组成了土壤的一部分。

昆虫旅馆：使用可再利用建筑材料，根据昆虫的生活习性搭建的人造昆虫栖息地。

伐　光：彻底砍伐森林。

海藻森林：由海藻所构成的海底森林，它是位于温带海岸的生态系统。

松　柏：喜温抗寒的常绿乔木，它是一种针叶植物。

树　冠：树木从枝叶到顶部的部分，因为形状如冠，故称为树冠。

红树林：由乔木和灌木组成的生物群落，它们可以适应热带海岸的生存环境，可以在咸咸的海水中生长。

海　军：海上的武装力量。

卡　尺：用于测量树木直径的设备。

可再生资源：植物原料可以被进一步加工成其他产品，有利于实现资源的持续利用。

生态系统：不同的动物和植物在特定的自然环境中共同生存，构成一个统一的整体，比如海洋或森林。

种植园：大量种植同种植物的农业园地。

开垦林地：对森林地区进行开发和耕种。

原　木：林业术语，树干被砍伐后切成一定长度的木段。

锯　材：木板和横梁的别称。

气　孔：叶片上的开口。

温室效应：二氧化碳和甲烷等温室气体不断增加，大气层就像一个温室，加强了地球大气的热反射，导致全球气温不断变暖，这种现象被称为温室效应。

教科文组织：联合国教育、科学和文化组织。

收割机：收割农作物的机械。

树　梢：树木的顶部。

采摘者：登上针叶树顶部挑选未成熟球果的人。

内 容 提 要

本书将带领读者来到森林中，探索那些闻名遐迩的绿色宝藏，揭开森林深处的热闹世界。《德国少年儿童百科知识全书·珍藏版》是一套引进自德国的知名少儿科普读物，内容丰富、门类齐全，内容涉及自然、地理、动物、植物、天文、地质、科技、人文等多个学科领域。本书运用丰富而精美的图片、生动的实例和青少年能够理解的语言来解释复杂的科学现象，非常适合 7 岁以上的孩子阅读。全套书系统地、全方位地介绍了各个门类的知识，书中体现出德国人严谨的逻辑思维方式，相信对拓宽孩子的知识视野将起到积极作用。

图书在版编目（CIP）数据

奇境森林 ／（德）安妮特·哈克巴斯著 ； 张依妮译
. -- 北京 ： 航空工业出版社，2022.3（2024.2 重印）
（德国少年儿童百科知识全书 ： 珍藏版）
ISBN 978-7-5165-2888-4

Ⅰ．①奇… Ⅱ．①安… ②张… Ⅲ．①森林－少儿读
物 Ⅳ．① S7-49

中国版本图书馆 CIP 数据核字（2022）第 021119 号

著作权合同登记号
图字 01-2021-6327

WALD Mehr als nur Bäume
By Annette Hackbarth
© 2014 TESSLOFF VERLAG, Nuremberg, Germany, www.tessloff.com
© 2022 Dolphin Media, Ltd., Wuhan, P.R. China
for this edition in the simplified Chinese language
本书中文简体字版权经德国 Tessloff 出版社授予海豚传媒股份有限
公司，由航空工业出版社独家出版发行。
版权所有，侵权必究。

奇境森林
Qijing Senlin

航空工业出版社出版发行
（北京市朝阳区京顺路 5 号曙光大厦 C 座四层 100028）
发行部电话：010-85672663 010-85672683
鹤山雅图仕印刷有限公司印刷　　　　全国各地新华书店经售
2022 年 3 月第 1 版　　　　　　　　2024 年 2 月第 3 次印刷
开本：889×1194 1/16　　　　　　　字数：50 千字
印张：3.5　　　　　　　　　　　　定价：35.00 元

船的故事

飞机的秘密

火山探秘

七大奇迹

汽车世界

鲨鱼家族

百变天气

穿越大自然

鲸和海豚

恐龙王国

矿物与岩石

爬行与两栖动物

大自然的力量

改变世界的电

各种各样的鱼

猫的家族

奇境森林

忠诚的狗

浩瀚宇宙

狼的故事

蚂蚁和白蚁

美丽的蝴蝶

蜜蜂和胡蜂

潜水的魅力

古老的希腊文明

古罗马生活

欧洲风情

骑士时代

舞动的音符

古老的城堡

熊的秘密生活

化石档案

奇妙的昆虫

极地世界

神秘的蜘蛛

大象王国

海底宝藏

海洋之谜

火星登陆

忙碌的农场

时尚魅影

全球气候